JIKKYO NOTEBOOK

JN060430

スパイラル数学II　学習ノート

【三角関数／指数関数・対数関数】

　本書は，実教出版発行の問題集「スパイラル数学II」の3章「三角関数」と4章「指数関数・対数関数」の全例題と全問題を掲載した書き込み式のノートです。本書をノートのように学習していくことで，数学の実力を身につけることができます。

　また，実教出版発行の教科書「新編数学II」に対応する問題には，教科書の該当ページを示してあります。教科書を参考にしながら問題を解くことによって，学習の効果がより一層高まります。

目　次

3章　三角関数

1節　三角関数

| ∴1 | 一般角 | ∴2 | 弧度法 |

SPIRAL A

*178 次の角の動径 OP の位置を図示せよ。　　　　　　　▶教 p.109 例1

(1)　210°

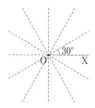

(2)　405°

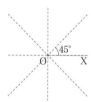

(3)　−300°

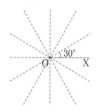

179 次の角の動径の位置を OP とするとき，動径 OP の表す角 $\alpha + 360° \times n$（n は整数）を求めよ。ただし，$0° \leqq \alpha < 360°$ とする。

*(1) $495°$

*(2) $-45°$

(3) $960°$

(4) $-630°$

4

180 次の角のうち，その動径が $60°$ の動径と同じ位置にある角はどれか。 ▶教p.109例2

$420°,\ 660°,\ -120°,\ -300°,\ -720°$

*181 次の角を弧度法で表せ。 ▶教p.111例3

(1) $-45°$ (2) $75°$

(3) $-210°$ (4) $-315°$

***182** 次の角を度数法で表せ。 ▶教p.111例3

(1) $\dfrac{3}{5}\pi$

(2) $\dfrac{11}{3}\pi$

(3) $-\dfrac{3}{2}\pi$

(4) $-\dfrac{5}{6}\pi$

6

▶教 p.111 例4

183 次の扇形の弧の長さ l と面積 S を求めよ。

*(1) 半径 4，中心角 $\dfrac{3}{4}\pi$

(2) 半径 6，中心角 $\dfrac{5}{6}\pi$

*(3) 半径 5，中心角 $\dfrac{2}{5}\pi$

SPIRAL B

184 次の扇形の中心角 θ と面積 S を求めよ。　　　　　　　　　　　▶國 p.111 例4

*(1)　半径が 3，弧の長さが 2　　　　　　　　(2)　半径が 8，弧の長さが 6

185 次の扇形の半径 r と面積 S を求めよ。　　　　　　　　　　　▶國 p.111 例4

*(1)　中心角が $\dfrac{\pi}{6}$，弧の長さが 11　　　　　(2)　中心角が 2，弧の長さが 4

186 右の図のように，正三角形 OAB と扇形 OAB があり，正三角形 OCD の辺 CD は弧 AB に接している。OA = 6，△OAB の面積を S_1，扇形 OAB の面積を S_2，△OCD の面積を S_3 とするとき，面積比 $S_1 : S_2 : S_3$ を求めよ。

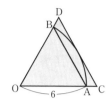

187 $0° < \alpha < 360°$ である角 α について，3α の動径は $120°$ の動径の位置に一致する。このような角 α をすべて求めよ。

▶教p.109例2

⋮3 三角関数

188 θ が次の値のとき，$\sin\theta$, $\cos\theta$, $\tan\theta$ の値を求めよ。 ▶教p.113例5

*(1) $\dfrac{5}{4}\pi$

(2) $\dfrac{11}{3}\pi$

*(3) $-\dfrac{\pi}{6}$

(4) -3π

10

189 次の条件を満たす角 θ は第何象限の角か。
▶教p.113

*(1) $\sin\theta > 0$, $\cos\theta < 0$ 　　　　(2) $\sin\theta > 0$, $\tan\theta < 0$

(3) $\cos\theta < 0$, $\tan\theta > 0$ 　　　*(4) $\sin\theta\cos\theta > 0$

*190 次の問いに答えよ。 ▶教p.115例題1

(1) θ が第3象限の角で, $\sin\theta = -\dfrac{3}{5}$ のとき, $\cos\theta$, $\tan\theta$ の値を求めよ。

(2) θ が第4象限の角で, $\cos\theta = \dfrac{3}{4}$ のとき, $\sin\theta$, $\tan\theta$ の値を求めよ。

191 次の問いに答えよ。 ▶教p.115 例題2

(1) θ が第3象限の角で，$\tan\theta = \sqrt{2}$ のとき，$\sin\theta$，$\cos\theta$ の値を求めよ。

*(2) θ が第4象限の角で，$\tan\theta = -\dfrac{1}{2}$ のとき，$\sin\theta$，$\cos\theta$ の値を求めよ。

12

SPIRAL **B**

192 次の問いに答えよ。 ▶教p.116応用例題1

*(1) $\sin\theta + \cos\theta = \dfrac{1}{5}$ のとき，次の式の値を求めよ。

(i) $\sin\theta\cos\theta$

(ii) $\sin^3\theta + \cos^3\theta$

(2) $\sin\theta - \cos\theta = -\dfrac{1}{3}$ のとき，次の式の値を求めよ。

(i) $\sin\theta\cos\theta$

(ii) $\sin^3\theta - \cos^3\theta$

193 次の問いに答えよ。

*(1) $\sin\theta = -\dfrac{2}{5}$ のとき，$\cos\theta$，$\tan\theta$ の値を求めよ。

(2) $\cos\theta = -\dfrac{1}{\sqrt{5}}$ のとき，$\sin\theta$，$\tan\theta$ の値を求めよ。

*(3) $\tan\theta = 2\sqrt{2}$ のとき，$\sin\theta$, $\cos\theta$ の値を求めよ。

16

SPIRAL C

194 次の等式を証明せよ。　　　　　　　　　　　▶教 p.116 応用例題2

*(1)　$\dfrac{\cos\theta}{1+\sin\theta} + \dfrac{1+\sin\theta}{\cos\theta} = \dfrac{2}{\cos\theta}$

(2)　$\tan\theta + \dfrac{1}{\tan\theta} = \dfrac{1}{\sin\theta\cos\theta}$

例題 26 $\sin\alpha\cos\alpha = -\dfrac{1}{2}$ のとき，次の値を求めよ。ただし，α は第 2 象限の角とする。

(1) $\sin\alpha - \cos\alpha$　　　(2) $\sin\alpha + \cos\alpha$　　　(3) $\sin\alpha,\ \cos\alpha$

解

(1) $(\sin\alpha - \cos\alpha)^2 = \sin^2\alpha + \cos^2\alpha - 2\sin\alpha\cos\alpha = 1 - 2 \times \left(-\dfrac{1}{2}\right) = 2$

α は第 2 象限の角であるから，$\sin\alpha > 0$，$\cos\alpha < 0$　　ゆえに，$\sin\alpha - \cos\alpha > 0$

よって　$\sin\alpha - \cos\alpha = \sqrt{2}$　**答**

(2) $(\sin\alpha + \cos\alpha)^2 = \sin^2\alpha + \cos^2\alpha + 2\sin\alpha\cos\alpha = 1 + 2 \times \left(-\dfrac{1}{2}\right) = 0$

よって　$\sin\alpha + \cos\alpha = 0$　**答**

(3) (1)と(2)の結果から　$\sin\alpha = \dfrac{\sqrt{2}}{2}$，　$\cos\alpha = -\dfrac{\sqrt{2}}{2}$　**答**

195 $\dfrac{\pi}{2} < \theta < \dfrac{3}{4}\pi$，$\sin\theta\cos\theta = -\dfrac{1}{4}$ のとき，次の値を求めよ。

(1) $\sin\theta - \cos\theta$　　　　　　　　(2) $\sin\theta + \cos\theta$

(3) $\sin\theta,\ \cos\theta$

4 三角関数の性質

SPIRAL A

196 次の値を求めよ。　　　　　　　　　　　　　　　▶教 p.117 例6

*(1)　$\cos \dfrac{13}{6}\pi$

(2)　$\tan \dfrac{13}{6}\pi$

(3)　$\sin\left(-\dfrac{15}{4}\pi\right)$

*(4)　$\tan \dfrac{15}{4}\pi$

197 次の値を求めよ。 ▶教p.117例7, p.118例8

(1) $\sin\left(-\dfrac{\pi}{4}\right)$

*(2) $\cos\left(-\dfrac{\pi}{4}\right)$

(3) $\sin\dfrac{5}{4}\pi$

*(4) $\tan\dfrac{5}{4}\pi$

SPIRAL B

198 次の式の値を求めよ。

(1) $\sin\left(-\dfrac{7}{6}\pi\right) - \tan\dfrac{\pi}{6}\sin\dfrac{8}{3}\pi + \cos\left(-\dfrac{3}{4}\pi\right)$

(2) $\tan\dfrac{5}{4}\pi\tan\dfrac{9}{4}\pi + \tan\dfrac{15}{4}\pi\tan\left(-\dfrac{3}{4}\pi\right)$

199 次の式の値を求めよ。

(1) $\cos\left(\dfrac{\pi}{2}-\theta\right)\sin(\pi-\theta)-\sin\left(\dfrac{\pi}{2}-\theta\right)\cos(\pi-\theta)$

(2) $\cos\theta+\sin\left(\dfrac{\pi}{2}-\theta\right)+\cos(\pi+\theta)+\sin\left(\dfrac{3}{2}\pi+\theta\right)$

5 | 三角関数のグラフ

SPIRAL A

*200 次の図中の y の値 $a \sim c$ と θ の値 $\theta_1 \sim \theta_4$ をそれぞれ求めよ。　▶教p.120

(1)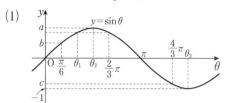

(2)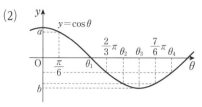

201 次の関数のグラフをかけ。また，その周期をいえ。　▶教p.123練習15, 16

*(1) $y = \dfrac{1}{3}\sin\theta$

(2) $y = 4\cos\theta$

202 次の関数のグラフをかけ。また，その周期をいえ。 ▶教p.124練習17

*(1) $y = \sin 3\theta$

*(2) $y = \cos 4\theta$

(3) $y = \sin \dfrac{\theta}{2}$

203 次の関数のグラフをかけ。また，その周期をいえ。 ▶教p.125練習18

(1) $y = \sin\left(\theta + \dfrac{\pi}{4}\right)$ *(2) $y = \cos\left(\theta - \dfrac{\pi}{6}\right)$

SPIRAL B

204 関数 $y = \tan\left(\theta - \dfrac{\pi}{4}\right)$ のグラフをかけ。また，その周期をいえ。

例題 27 関数 $y = 2\sin\left(\theta - \dfrac{\pi}{3}\right)$ のグラフをかけ。また，その周期をいえ。

解 $y = 2\sin\left(\theta - \dfrac{\pi}{3}\right)$ のグラフは，$y = 2\sin\theta$ のグラフを，θ 軸方向に $\dfrac{\pi}{3}$ だけ平行移動した次のような

グラフとなる。**周期は 2π** である。　**答**

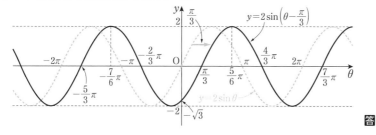

答

*205　次の関数のグラフをかけ。また，その周期をいえ。

(1)　$y = \sqrt{2}\,\sin\left(\theta + \dfrac{\pi}{4}\right)$

(2)　$y = \cos(2\theta - \pi)$

206 右の図は関数 $y = r\sin(a\theta + b)$ のグラフの一部である。
定数 r, a, b の値を求めよ。

ただし，何通りもある場合は，その正の最小値を答えよ。

▶教p.142章末4

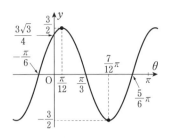

6 三角関数を含む方程式・不等式

SPIRAL A

207 $0 \leqq \theta < 2\pi$ のとき，次の方程式を解け。 ▶教 p.126 例題3

*(1) $\sin\theta = -\dfrac{1}{2}$

(2) $\cos\theta = \dfrac{\sqrt{3}}{2}$

(3) $2\sin\theta + \sqrt{3} = 0$

*(4) $\sqrt{2}\cos\theta + 1 = 0$

*208 $0 \leqq \theta < 2\pi$ のとき，次の方程式を解け。 ▶教p.126例題3

(1) $\tan\theta = -1$ (2) $\tan\theta = -\sqrt{3}$

SPIRAL B

209 $0 \leqq \theta < 2\pi$ のとき，次の方程式を解け。 ▶教p.127応用例題3

*(1) $2\cos^2\theta - \sin\theta - 1 = 0$

(2) $2\sin^2\theta - \cos\theta - 2 = 0$

*(3) $2\sin^2\theta - 5\cos\theta + 5 = 0$

(4) $4\cos^2\theta - 4\sin\theta - 5 = 0$

210 $0 \leqq \theta < 2\pi$ のとき，次の不等式を解け。 ▶教 p.128 応用例題4

(1) $\sin\theta > \dfrac{1}{2}$

*(2) $\cos\theta < \dfrac{\sqrt{3}}{2}$

*(3) $2\sin\theta \leqq -\sqrt{3}$

(4) $2\cos\theta - 1 \geqq 0$

SPIRAL C

211 $0 \leqq \theta < 2\pi$ のとき，次の方程式と不等式を解け。

(1) $\sin\left(\theta + \dfrac{\pi}{4}\right) = \dfrac{\sqrt{3}}{2}$

(2) $\cos\left(\theta - \dfrac{\pi}{3}\right) = -\dfrac{1}{2}$

(3) $\sin\left(\theta - \dfrac{\pi}{4}\right) > \dfrac{1}{2}$

(4) $\cos\left(\theta + \dfrac{\pi}{6}\right) < \dfrac{1}{\sqrt{2}}$

32

例題 28

$0 \leqq \theta < 2\pi$ のとき，次の方程式と不等式を解け。

(1) $\sin\left(2\theta - \dfrac{\pi}{6}\right) = \dfrac{1}{2}$

(2) $\sin\left(2\theta - \dfrac{\pi}{6}\right) < \dfrac{1}{2}$

考え方 $2\theta - \dfrac{\pi}{6} = \alpha$ とおいて，α の値の範囲に注意して解く。

解 (1) $0 \leqq \theta < 2\pi$ より $-\dfrac{\pi}{6} \leqq 2\theta - \dfrac{\pi}{6} < \dfrac{23}{6}\pi$

ここで，$2\theta - \dfrac{\pi}{6} = \alpha$ とおくと $-\dfrac{\pi}{6} \leqq \alpha < \dfrac{23}{6}\pi$ ……①

①の範囲において，$\sin\alpha = \dfrac{1}{2}$ となる α は，単位円と直線 $y = \dfrac{1}{2}$ と

の交点を P，Q とすると，動径 OP と OQ の表す角である。

①の範囲で動径 OP の表す角は $\dfrac{\pi}{6}$ と $\dfrac{13}{6}\pi$，動径 OQ の表す角は $\dfrac{5}{6}\pi$

と $\dfrac{17}{6}\pi$ である。

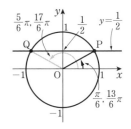

ゆえに $\alpha = \dfrac{\pi}{6}, \ \dfrac{5}{6}\pi, \ \dfrac{13}{6}\pi, \ \dfrac{17}{6}\pi$

よって $2\theta - \dfrac{\pi}{6} = \dfrac{\pi}{6}, \ 2\theta - \dfrac{\pi}{6} = \dfrac{5}{6}\pi, \ 2\theta - \dfrac{\pi}{6} = \dfrac{13}{6}\pi, \ 2\theta - \dfrac{\pi}{6} = \dfrac{17}{6}\pi$

したがって $\boldsymbol{\theta = \dfrac{\pi}{6}, \ \dfrac{\pi}{2}, \ \dfrac{7}{6}\pi, \ \dfrac{3}{2}\pi}$ 答

(2) (1)より，$\sin\alpha < \dfrac{1}{2}$ となる α の値の範囲は，単位円と角 α の動径との

交点の y 座標が $\dfrac{1}{2}$ より小さい範囲である。

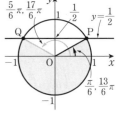

ゆえに $-\dfrac{\pi}{6} \leqq \alpha < \dfrac{\pi}{6}, \ \dfrac{5}{6}\pi < \alpha < \dfrac{13}{6}\pi, \ \dfrac{17}{6}\pi < \alpha < \dfrac{23}{6}\pi$

よって $-\dfrac{\pi}{6} \leqq 2\theta - \dfrac{\pi}{6} < \dfrac{\pi}{6}, \ \dfrac{5}{6}\pi < 2\theta - \dfrac{\pi}{6} < \dfrac{13}{6}\pi, \ \dfrac{17}{6}\pi < 2\theta - \dfrac{\pi}{6} < \dfrac{23}{6}\pi$

したがって $\boldsymbol{0 \leqq \theta < \dfrac{\pi}{6}, \ \dfrac{\pi}{2} < \theta < \dfrac{7}{6}\pi, \ \dfrac{3}{2}\pi < \theta < 2\pi}$ 答

212 $0 \leqq \theta < 2\pi$ のとき，次の方程式と不等式を解け。

(1) $\sin\left(2\theta + \dfrac{\pi}{3}\right) = -\dfrac{1}{2}$

(2) $\cos\left(2\theta - \dfrac{\pi}{4}\right) = \dfrac{\sqrt{3}}{2}$

(3) $\sin\left(2\theta + \dfrac{\pi}{6}\right) > \dfrac{\sqrt{3}}{2}$

(4) $\cos\left(2\theta - \dfrac{\pi}{3}\right) < \dfrac{1}{\sqrt{2}}$

例題
29

$0 \leqq \theta < 2\pi$ のとき，次の関数の最大値，最小値，およびそのときの θ の値を求めよ。

$$y = \sin^2\theta - 2\sin\theta - 2$$

考え方 $\sin\theta = x$ とおいて，x の値の範囲に注意して最大値と最小値を求める。

解 $\sin\theta = x$ とおくと

$0 \leqq \theta < 2\pi$ より $-1 \leqq x \leqq 1$

$\quad y = \sin^2\theta - 2\sin\theta - 2$

$\quad\quad = x^2 - 2x - 2$

$\quad\quad = (x-1)^2 - 3$

ゆえに

$\quad x = -1$ のとき，最大値 1 をとり

$\quad x = 1$ のとき，最小値 -3 をとる。

よって

$\quad \sin\theta = -1$ のとき最大値 1 をとり

$\quad \sin\theta = 1$ のとき最小値 -3 をとる。

したがって

$\quad \theta = \dfrac{3}{2}\pi$ **のとき，最大値** 1 **をとり**

$\quad \theta = \dfrac{\pi}{2}$ **のとき，最小値** -3 **をとる。** 答

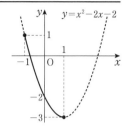

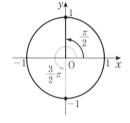

213 $0 \leqq \theta < 2\pi$ のとき，次の関数の最大値，最小値，およびそのときの θ の値を求めよ。

(1) $y = \cos^2\theta - 4\cos\theta - 2$

(2) $y = \sin^2\theta - \sin\theta + 1$

214 $0 \leqq \theta < 2\pi$ のとき，次の関数の最大値，最小値，およびそのときの θ の値を求めよ。

(1) $y = \sin^2\theta - \cos\theta + 1$

(2) $y = \cos^2\theta + \sqrt{2}\,\sin\theta + 1$

2節　加法定理

∴1　加法定理

SPIRAL A

215 次の値を求めよ。　　　　　　　　　　　　　　　　　　　　　　▶教p.131 例1

(1)　$\cos 105°$　　　　　　　　　　　　*(2)　$\sin 165°$

(3)　$\sin 345°$　　　　　　　　　　　　*(4)　$\cos 195°$

216 $\sin\alpha = \dfrac{12}{13}$, $\cos\beta = -\dfrac{3}{5}$ のとき, 次の値を求めよ。ただし, α は第 2 象限の角, β は第

3 象限の角とする。 ▶教 p.132 例題1

(1) $\sin(\alpha + \beta)$

*(2) $\sin(\alpha - \beta)$

*(3) $\cos(\alpha + \beta)$

(4) $\cos(\alpha - \beta)$

217 次の値を求めよ。 ▶教p.133例2

(1) $\tan 285°$ *(2) $\tan 255°$

218 2直線 $y = 3x$, $y = \dfrac{1}{2}x$ のなす角 θ を求めよ。ただし，$0 < \theta < \dfrac{\pi}{2}$ とする。

▶教p.134例題2

219 $\sin\alpha + \cos\beta = \dfrac{1}{2}$, $\cos\alpha + \sin\beta = \dfrac{\sqrt{2}}{2}$ のとき, $\sin(\alpha + \beta)$ の値を求めよ。

▶教 p.143 章末9

220 $\alpha + \beta = \dfrac{\pi}{4}$ のとき, $(\tan\alpha + 1)(\tan\beta + 1)$ の値を求めよ。

SPIRAL **C**

三角関数と点の回転移動

例題
30
右の図のように，点 P(2, 3) を原点 O を中心として，時計の針の回転と逆の向きに $\dfrac{\pi}{3}$ だけ回転した位置にある点 Q の座標を求めよ。

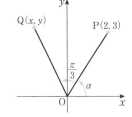

考え方 x 軸の正の部分を始線とする動径 OP の表す角を α とすると，$\mathrm{OP}\cos\alpha = 2$，$\mathrm{OP}\sin\alpha = 3$，動径 OQ の表す角は $\alpha + \dfrac{\pi}{3}$

解 x 軸の正の部分を始線とし，動径 OP の表す角を α とすると
$$\mathrm{OP}\cos\alpha = 2, \quad \mathrm{OP}\sin\alpha = 3$$
動径 OQ の表す角は $\alpha + \dfrac{\pi}{3}$
である。
点 Q の座標を (x, y) とすると，OQ = OP より
$$x = \mathrm{OP}\cos\left(\alpha + \frac{\pi}{3}\right), \quad y = \mathrm{OP}\sin\left(\alpha + \frac{\pi}{3}\right)$$
ゆえに，加法定理より
$$x = \mathrm{OP}\left(\cos\alpha\cos\frac{\pi}{3} - \sin\alpha\sin\frac{\pi}{3}\right)$$
$$= \mathrm{OP}\cos\alpha\cos\frac{\pi}{3} - \mathrm{OP}\sin\alpha\sin\frac{\pi}{3}$$
$$= 2 \times \frac{1}{2} - 3 \times \frac{\sqrt{3}}{2} = \frac{2 - 3\sqrt{3}}{2}$$
$$y = \mathrm{OP}\left(\sin\alpha\cos\frac{\pi}{3} + \cos\alpha\sin\frac{\pi}{3}\right)$$
$$= \mathrm{OP}\sin\alpha\cos\frac{\pi}{3} + \mathrm{OP}\cos\alpha\sin\frac{\pi}{3}$$
$$= 3 \times \frac{1}{2} + 2 \times \frac{\sqrt{3}}{2} = \frac{3 + 2\sqrt{3}}{2}$$
よって，点 Q の座標は $\left(\dfrac{2 - 3\sqrt{3}}{2}, \ \dfrac{3 + 2\sqrt{3}}{2}\right)$ 答

221 右の図のように，点 P$(2, -1)$ を原点Oを中心として，時計の針の回転と同じ向きに $\dfrac{\pi}{4}$ だけ回転した位置にある点 Q の座標を求めよ。

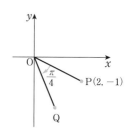

2　加法定理の応用

▶教p.135例題3

222 次の角 α について，$\sin 2\alpha$，$\cos 2\alpha$，$\tan 2\alpha$ の値を求めよ。

(1)　α が第 1 象限の角で，$\sin \alpha = \dfrac{2}{3}$

(2)　α が第 2 象限の角で，$\cos \alpha = -\dfrac{1}{3}$

223 半角の公式を用いて，次の三角関数の値を求めよ。 ▶教p.136例3

*(1) $\sin 15°$

(2) $\cos 15°$

*(3) $\cos 67.5°$

224 次の式を $r\sin(\theta+\alpha)$ の形に変形せよ。ただし，$r>0$ とする。 ▶教p.139例4

(1) $\sin\theta+\sqrt{3}\cos\theta$

(2) $3\sin\theta-\sqrt{3}\cos\theta$

(3) $-\sin\theta+\cos\theta$

(4) $3\sin\theta + \sqrt{3}\cos\theta$

225 次の関数の最大値と最小値を求めよ。 ▶ 教 p.139例題4

*(1) $y = 2\sin\theta + \cos\theta$

(2) $y = 2\sin\theta - \sqrt{5}\cos\theta$

▶教 p.136 応用例題1

SPIRAL B

226 $0 \leqq \theta < 2\pi$ のとき，次の方程式を解け。

(1) $\cos 2\theta - \cos \theta = -1$

*(2) $\sin 2\theta = \sqrt{3} \sin \theta$

48

*(3) $\cos 2\theta - 5\cos\theta + 3 = 0$

(4) $\cos 2\theta = \sin\theta$

227 α が第 4 象限の角で, $\cos\alpha = \dfrac{1}{3}$ のとき, $\sin\dfrac{\alpha}{2}$, $\cos\dfrac{\alpha}{2}$, $\tan\dfrac{\alpha}{2}$ の値を求めよ。

例題 31 $0 \leqq \theta < 2\pi$ のとき，次の不等式を解け。

(1) $\cos 2\theta - \sin \theta \geqq 0$ 　　　　(2) $\sin 2\theta + \cos \theta \geqq 0$

解 (1) $\cos 2\theta = 1 - 2\sin^2\theta$ より

$$1 - 2\sin^2\theta - \sin\theta \geqq 0$$
$$2\sin^2\theta + \sin\theta - 1 \leqq 0$$
$$(\sin\theta + 1)(2\sin\theta - 1) \leqq 0 \quad \cdots\cdots ①$$

$0 \leqq \theta < 2\pi$ のとき　$-1 \leqq \sin\theta \leqq 1$

よって，①を満たす $\sin\theta$ の値の範囲は

$$-1 \leqq \sin\theta \leqq \frac{1}{2}$$

したがって　$0 \leqq \theta \leqq \dfrac{\pi}{6}, \ \dfrac{5}{6}\pi \leqq \theta < 2\pi$ **答**

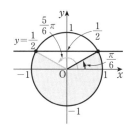

(2) $\sin 2\theta = 2\sin\theta\cos\theta$ より

$$2\sin\theta\cos\theta + \cos\theta \geqq 0$$

ゆえに　$\cos\theta(2\sin\theta + 1) \geqq 0$

よって

$$\begin{cases} \cos\theta \geqq 0 \\ 2\sin\theta + 1 \geqq 0 \end{cases} \cdots\cdots ① \quad \text{または} \quad \begin{cases} \cos\theta \leqq 0 \\ 2\sin\theta + 1 \leqq 0 \end{cases} \cdots\cdots ②$$

$0 \leqq \theta < 2\pi$ の範囲において，①は，$\cos\theta \geqq 0$ を満たす θ の範囲と

$\sin\theta \geqq -\dfrac{1}{2}$ を満たす θ の範囲の共通部分であるから

$$0 \leqq \theta \leqq \frac{\pi}{2}, \ \frac{11}{6}\pi \leqq \theta < 2\pi$$

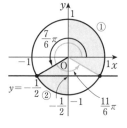

②は，$\cos\theta \leqq 0$ を満たす θ の範囲と $\sin\theta \leqq -\dfrac{1}{2}$ を満たす θ の範囲の

共通部分であるから

$$\frac{7}{6}\pi \leqq \theta \leqq \frac{3}{2}\pi$$

したがって　$0 \leqq \theta \leqq \dfrac{\pi}{2}, \ \dfrac{7}{6}\pi \leqq \theta \leqq \dfrac{3}{2}\pi, \ \dfrac{11}{6}\pi \leqq \theta < 2\pi$ **答**

228 $0 \leqq \theta < 2\pi$ のとき，次の不等式を解け。

(1) $\cos 2\theta + \sin \theta < 0$

(2) $\sin 2\theta + \sqrt{2} \sin \theta > 0$

(3) $\cos 2\theta - \cos \theta \leqq 0$

(4) $\sin 2\theta - \cos \theta < 0$

例題 32 関数 $y = \cos^2\theta - 1$ のグラフをかけ。また，その周期をいえ。

▶教 p.143章末8

解 $\cos 2\theta = 2\cos^2\theta - 1$ より $\cos^2\theta = \dfrac{1}{2}\cos 2\theta + \dfrac{1}{2}$ であるから，

$y = \cos^2\theta - 1$ は，$y = \dfrac{1}{2}\cos 2\theta - \dfrac{1}{2}$ と変形できる。

よって $y = \cos^2\theta - 1$ のグラフは，$y = \dfrac{1}{2}\cos 2\theta$ のグラフをy軸方向に $-\dfrac{1}{2}$ だけ平行移動した次のようなグラフとなる。また，**周期は π** である。 答

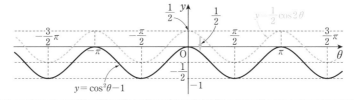

答

229 関数 $y = 3\sin^2\theta + \cos^2\theta$ のグラフをかけ。また，その周期をいえ。

SPIRAL C

230 $0 \leqq \theta < 2\pi$ のとき，次の方程式を解け。 ▶教 p.140 応用例題2

(1) $\sin\theta + \cos\theta = -1$

(2) $\sqrt{3}\sin\theta - \cos\theta - \sqrt{2} = 0$

例題 33 $0 \leqq \theta < 2\pi$ のとき，不等式 $\sqrt{3}\sin\theta - \cos\theta > 1$ を解け。

解 $\sqrt{3}\sin\theta - \cos\theta > 1$ の左辺を変形すると $\sqrt{3}\sin\theta - \cos\theta = 2\sin\left(\theta - \dfrac{\pi}{6}\right)$

よって，$2\sin\left(\theta - \dfrac{\pi}{6}\right) > 1$ より $\sin\left(\theta - \dfrac{\pi}{6}\right) > \dfrac{1}{2}$ ……①

$0 \leqq \theta < 2\pi$ より $-\dfrac{\pi}{6} \leqq \theta - \dfrac{\pi}{6} < \dfrac{11}{6}\pi$

この範囲で①を満たす $\theta - \dfrac{\pi}{6}$ の値の範囲は

$\dfrac{\pi}{6} < \theta - \dfrac{\pi}{6} < \dfrac{5}{6}\pi$ より $\boldsymbol{\dfrac{\pi}{3} < \theta < \pi}$ 答

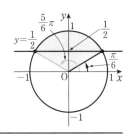

231 $0 \leqq \theta < 2\pi$ のとき，次の不等式を解け。

(1) $\sin\theta + \sqrt{3}\cos\theta > \sqrt{3}$

(2) $\sin\theta - \cos\theta \leqq \dfrac{1}{\sqrt{2}}$

232 $0 \leqq \theta \leqq \pi$ のとき，関数 $y = 2\sin\theta + 3\cos\theta$ の最大値と最小値を求めよ。

SPIRAL B

233 次の計算をせよ。 ▶教p.137例1

(1) $\cos 75° \sin 15°$

(2) $\sin 15° \sin 105°$

(3) $\cos 37.5° \cos 7.5°$

(4)　$\sin 75° - \sin 15°$

(5)　$\cos 75° + \cos 15°$

(6)　$\cos 105° - \cos 15°$

SPIRAL C

和と積の公式の利用

例題
34

次の積を和または差の形に，また，和を積の形に変形せよ。

(1) $2\sin 4\theta \cos 2\theta$ (2) $\sin\theta + \sin 3\theta$

解

(1) $2\sin 4\theta \cos 2\theta = 2 \times \dfrac{1}{2}\{\sin(4\theta+2\theta) + \sin(4\theta-2\theta)\}$

$\qquad\qquad\qquad\quad = \sin 6\theta + \sin 2\theta$ **答**

(2) $\sin\theta + \sin 3\theta = 2\sin\dfrac{\theta+3\theta}{2}\cos\dfrac{\theta-3\theta}{2}$

$\qquad\qquad\qquad = 2\sin 2\theta \cos(-\theta) = \boldsymbol{2\sin 2\theta \cos\theta}$ **答**

234 次の積を和または差の形に変形せよ。

(1) $2\cos 4\theta \sin 2\theta$

(2) $2\sin 3\theta \sin\theta$

235 次の和・差を積の形に変形せよ。

(1) $\sin 3\theta + \sin \theta$

(2) $\cos 2\theta + \cos 4\theta$

(3) $\cos \theta - \cos 5\theta$

4章　指数関数・対数関数

1節　指数関数

∴1　指数の拡張

SPIRAL A

236 次の計算をせよ。　　　　　　　　　　　　　　　　　　　　▶教p.146例1

*(1)　$a^3 \times a^5$

(2)　$(a^2)^6$

(3)　$(a^2)^3 \times a^4$

(4)　$(ab^3)^2$

(5)　$(a^2b^4)^3$

(6)　$a^2 \times (a^3b^4)^2$

237 次の値を求めよ。　　　　　　　　　　　　　　　　　　　　　　▶敎p.147例2

*(1)　5^0

(2)　6^{-2}

*(3)　10^{-1}

(4)　$(-4)^{-3}$

238 次の計算をせよ。 ▶教p.148例3

*(1) $a^4 \times a^{-1}$

(2) $a^{-2} \times a^3$

*(3) $a^{-3} \div a^{-4}$

(4) $a^3 \div a^{-5}$

*(5) $(a^{-2}b^{-3})^{-2}$

(6) $a^4 \times a^{-3} \div (a^2)^{-1}$

239 次の計算をせよ。 ▶教 p.148 例4

(1) $10^{-4} \times 10^5$

*(2) $7^{-4} \div 7^{-6}$

(3) $3^5 \times 3^{-5}$

(4) $2^3 \times 2^{-2} \div 2^{-4}$

*(5) $2^2 \div 2^5 \div 2^{-3}$

*(6) $(-3^{-1})^{-2} \div 3^2 \times 3^4$

240 次の値を求めよ。 ▶教p.149例5, 6

*(1) -8 の 3 乗根   (2) 625 の 4 乗根

*(3) 32 の 5 乗根   (4) $\sqrt[5]{-32}$

*(5) $\sqrt[4]{10000}$ (6) $\sqrt[3]{-\dfrac{1}{64}}$

241 次の式を簡単にせよ。 ▶教p.150 例7, p.151 例8

*(1) $\sqrt[3]{7} \times \sqrt[3]{49}$

(2) $\dfrac{\sqrt[3]{81}}{\sqrt[3]{3}}$

(3) $(\sqrt[6]{8})^2$

*(4) $\sqrt{\sqrt[3]{64}}$

242 次の値を求めよ。 ▶教p.152 例9

*(1) $9^{\frac{3}{2}}$

(2) $64^{\frac{2}{3}}$

*(3) $125^{-\frac{1}{3}}$

(4) $16^{-\frac{3}{4}}$

243 次の計算をせよ。 ▶教p.153例10

(1) $\sqrt[3]{a^2} \times \sqrt[3]{a^4}$

*(2) $\sqrt[4]{a^6} \div \sqrt{a}$

*(3) $\sqrt{a} \div \sqrt[6]{a} \times \sqrt[3]{a^2}$

(4) $\sqrt[3]{a^7} \times \sqrt[4]{a^5} \div \sqrt[12]{a^7}$

244 次の計算をせよ。 ▶教p.153例11

(1) $27^{\frac{1}{6}} \times 9^{\frac{3}{4}}$

*(2) $16^{\frac{1}{3}} \div 4^{\frac{1}{6}}$

(3) $\sqrt[3]{4} \times \sqrt[6]{4}$

*(4) $\sqrt[5]{4} \times \sqrt[5]{8}$

*(5) $\left(9^{-\frac{3}{5}}\right)^{\frac{5}{6}}$

*(6) $\sqrt{2} \times \sqrt[6]{2} \div \sqrt[3]{4}$

SPIRAL B

245 次の計算をせよ。

*(1) $(a^3)^{\frac{1}{6}} \times (a^2)^{\frac{3}{4}}$

(2) $a^{\frac{3}{4}} \times a^{\frac{7}{12}} \div a^{\frac{1}{3}}$

(3) $\sqrt[3]{a^2} \div \sqrt[6]{a}$

*(4) $\sqrt{a} \times \sqrt[6]{a} \div \sqrt[3]{a^2}$

246 次の計算をせよ。

(1) $\sqrt[3]{3} - \sqrt[3]{192} + \sqrt[3]{81}$

*(2) $\sqrt[4]{8} \times \sqrt{2} \div \sqrt[8]{4}$

(3) $\sqrt{a^{-3}} \times \sqrt[6]{a^7} \div \sqrt[3]{a^{-4}}$

*(4) $\dfrac{1}{\sqrt[3]{a}} \times a\sqrt{a} \div \sqrt[3]{\sqrt{a}}$

247 次の計算をせよ。

(1) $4^2 \times \left(\dfrac{1}{4}\right)^{\frac{2}{3}} \div \sqrt[3]{4}$

*(2) $9^{-\frac{1}{3}} \div \sqrt[3]{3^{-5}} \times 3^{-\frac{1}{2}}$

*(3) $\sqrt{a^3 b} \times \sqrt[6]{ab} \div \sqrt[3]{a^2 b^{-1}}$

(4) $\sqrt[3]{a^5} \div (a^3 b)^{\frac{2}{3}} \times (ab^2)^{\frac{1}{3}}$

2 指数関数

▶教p.155練習12

SPIRAL A

*248 次の関数のグラフをかけ。

(1) $y = 4^x$

(2) $y = \left(\dfrac{1}{4}\right)^x$

(3) $y = -4^x$

249 次の 3 つの数の大小を比較せよ。 ▶教 p.157 例題1

*(1) $\sqrt[3]{3^4}$, $\sqrt[4]{3^5}$, $\sqrt[5]{3^6}$

(2) $\sqrt{8}$, $\sqrt[3]{16}$, $\sqrt[4]{32}$

74

*(3) $\left(\dfrac{1}{3}\right)^2$, $\left(\dfrac{1}{9}\right)^{\frac{1}{2}}$, $\dfrac{1}{27}$

(4) $\sqrt{\dfrac{1}{5}}$, $\sqrt[3]{\dfrac{1}{25}}$, $\sqrt[4]{\dfrac{1}{125}}$

250 次の方程式を解け。 ▶教 p.158 例題2

(1)　$2^x = 64$

*(2)　$8^x = 2^6$

*(3)　$3^x = \dfrac{1}{27}$

(4)　$2^{-3x} = 8$

*(5)　$8^{3x} = 64$

(6)　$\left(\dfrac{1}{8}\right)^x = 32$

251 次の不等式を解け。 ▶數 p.158 例題3

*(1) $2^x < 8$

*(2) $3^x > \dfrac{1}{9}$

*(3) $\left(\dfrac{1}{4}\right)^x \geqq 8$

(4) $3^{-x} < 3\sqrt{3}$

*(5) $5^{x-2} \leqq 125$

(6) $\left(\dfrac{1}{5}\right)^{2x} < \dfrac{1}{\sqrt[3]{5}}$

SPIRAL B

*252 次の関数のグラフと関数 $y = 3^x$ のグラフはどのような位置関係にあるか。

(1) $y = -3^x$ 　　　　(2) $y = 3^{-x}$ 　　　　(3) $y = 3^{x+2} - 1$

253 次の3つの数の大小を比較せよ。

(1) $\sqrt{2}$, $\sqrt[3]{3}$, $\sqrt[4]{5}$

*(2) 2^{30}, 3^{20}, 6^{10}

254 次の方程式を解け。

(1) $3^{x-2} = 9\sqrt{3}$

*(2) $8^x = 2^{2x+1}$

(3) $3^{x-6} = \left(\dfrac{1}{9}\right)^x$

255 次の不等式を解け。

*(1) $3^{3-x} > 9^x$

(2) $\left(\dfrac{1}{27}\right)^x \geqq \left(\dfrac{1}{3}\right)^{x+1}$

*(3) $\left(\dfrac{1}{3}\right)^2 < \left(\dfrac{1}{3}\right)^x < 1$

(4) $\sqrt[3]{4} < 2^{x-3} < \sqrt[5]{64}$

SPIRAL C

例題 35	不等式 $4^x - 2^{x+1} - 8 > 0$ を解け。

解	$4^x - 2^{x+1} - 8 > 0$ より $(2^x)^2 - 2 \times 2^x - 8 > 0$
	$2^x = t$ とおくと $t^2 - 2t - 8 > 0$ より $(t+2)(t-4) > 0$
	$t > 0$ より $t > 4$
	よって $2^x > 4$ すなわち $2^x > 2^2$
	底 2 は 1 より大きいから $x > 2$ 答

256 次の方程式を解け。

(1) $2^{2x} - 9 \times 2^x + 8 = 0$

(2) $9^x - 3^{x+1} - 54 = 0$

257 次の不等式を解け。

(1) $9^x - 8 \times 3^x - 9 > 0$

(2) $4^x - 10 \times 2^x + 16 < 0$

例題 36

$2^x + 2^{-x} = 5$ のとき，次の式の値を求めよ。

(1) $2^{2x} + 2^{-2x}$

(2) $8^x + 8^{-x}$

解

(1) $2^{2x} + 2^{-2x} = (2^x)^2 + (2^{-x})^2$

$\qquad\qquad = (2^x + 2^{-x})^2 - 2 \times 2^x \times 2^{-x}$ $\leftarrow a^2 + b^2 = (a+b)^2 - 2ab$

$\qquad\qquad = 5^2 - 2 \times 1$

$\qquad\qquad = 23$ **答**

(2) $8^x + 8^{-x} = (2^3)^x + (2^3)^{-x}$

$\qquad\qquad = (2^x)^3 + (2^{-x})^3$

$\qquad\qquad = (2^x + 2^{-x})^3 - 3 \times 2^x \times 2^{-x}(2^x + 2^{-x})$ $\leftarrow a^3 + b^3 = (a+b)^3 - 3ab(a+b)$

$\qquad\qquad = 5^3 - 3 \times 1 \times 5$

$\qquad\qquad = 110$ **答**

258 $3^x + 3^{-x} = 3$ のとき，次の式の値を求めよ。

(1) $9^x + 9^{-x}$

(2) $27^x + 27^{-x}$

例題 37 関数 $y = 3^{2x} - 2 \times 3^{x+1} + 4$ $(0 \le x \le 2)$ の最大値と最小値を求めよ。

また，そのときの x の値を求めよ。

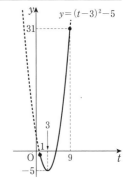

解 $3^x = t$ とおくと

$$y = 3^{2x} - 2 \times 3^{x+1} + 4$$
$$= (3^x)^2 - 2 \times 3^x \times 3 + 4$$
$$= t^2 - 6t + 4$$
$$= (t-3)^2 - 5$$

ここで，$0 \le x \le 2$ より，$3^0 \le 3^x \le 3^2$ すなわち $1 \le t \le 9$

ゆえに，y は

　$t = 9$ のとき最大値 31

　$t = 3$ のとき最小値 -5

をとる。

　$t = 9$ のとき，$3^x = 3^2$ より $x = 2$

　$t = 3$ のとき，$3^x = 3^1$ より $x = 1$

よって

$x = 2$ のとき最大値 31，$x = 1$ のとき最小値 -5 をとる。 答

259 次の関数の最大値と最小値を求めよ。また，そのときの x の値を求めよ。

(1) $y = 4^x - 2^{x+2}$ $(-1 \le x \le 3)$

84

(2) $y = \left(\dfrac{1}{9}\right)^x - 2\left(\dfrac{1}{3}\right)^{x-1} + 2 \quad (-2 \leqq x \leqq 0)$

2節 対数関数

1 対数とその性質

SPIRAL A

*260 次の式を $\log_a M = p$ の形で表せ。 ▶教p.161例1

(1) $9 = 3^2$

(2) $1 = 5^0$

(3) $\dfrac{1}{64} = 4^{-3}$

(4) $\sqrt{7} = 7^{\frac{1}{2}}$

261 次の式を $M = a^p$ の形で表せ。 ▶教p.161例1

*(1) $\log_2 32 = 5$

(2) $\log_9 27 = \dfrac{3}{2}$

*(3) $\log_5 \dfrac{1}{125} = -3$

262 次の値を求めよ。 ▶教p.161例2，例題1

*(1) $\log_2 2$

(2) $\log_3 27$

*(3) $\log_5 1$

(4) $\log_8 2$

(5) $\log_3 \dfrac{1}{9}$

*(6) $\log_{\frac{1}{2}} 8$

*(7) $\log_{25} \dfrac{1}{\sqrt{5}}$

*(8) $\log_{\sqrt{3}} 3$

88

*263 次の $\boxed{}$ の中に適する数を入れよ。 ▶️ 教 p.162 例3

(1) $\log_2 3 + \log_2 5 = \log_2 \boxed{}$

(2) $\log_3(2 \times 7) = \log_3 2 + \log_3 \boxed{}$

(3) $\log_2 15 - \log_2 3 = \log_2 \boxed{}$

(4) $\log_2 \dfrac{7}{5} = \log_2 \boxed{} - \log_2 \boxed{}$

(5) $\log_3 2^5 = \boxed{} \log_3 2$

(6) $\log_2 9 = \boxed{} \log_2 3$

(7) $\log_2 \dfrac{1}{3} = -\log_2 \boxed{}$

(8) $\log_2 \sqrt{5} = \dfrac{1}{\boxed{}} \log_2 5$

264 次の式を簡単にせよ。 ▶教p.163例題2

*(1) $\log_{10} 4 + \log_{10} 25$

(2) $\log_5 50 - \log_5 2$

*(3) $\log_2 \sqrt{18} - \log_2 \dfrac{3}{4}$

(4) $\log_2(2+\sqrt{2}) + \log_2(2-\sqrt{2})$

(5) $2\log_3 3\sqrt{2} - \log_3 2$

*(6) $2\log_{10} 5 - \log_{10} 15 + 2\log_{10}\sqrt{6}$

265 次の式を簡単にせよ。 ▶教 p.164 例4

*(1)　$\log_4 8$

(2)　$\log_9 \sqrt{3}$

*(3)　$\log_8 \dfrac{1}{32}$

*(4) $\log_3 8 \times \log_4 3$

(5) $\log_2 12 - \log_4 9$

(6) $\dfrac{\log_4 9}{\log_2 3}$

SPIRAL B

例題 38

$\log_{10} 2 = a$, $\log_{10} 3 = b$ とするとき，次の値を a, b で表せ。

(1) $\log_{10} 12$ (2) $\log_{10} 15$

解

(1) $\mathbf{\log_{10} 12} = \log_{10}(2^2 \times 3)$

$= \log_{10} 2^2 + \log_{10} 3 = 2\log_{10} 2 + \log_{10} 3 = \mathbf{2a + b}$ **答**

(2) $\mathbf{\log_{10} 15} = \log_{10} \dfrac{3 \times 10}{2}$ ←15 を 2 と 3 と 10 を使って表す。

$= \log_{10} 3 + \log_{10} 10 - \log_{10} 2 = b + 1 - a = \mathbf{1 - a + b}$ **答**

266 $\log_2 3 = a$, $\log_2 5 = b$ とするとき，次の値を a, b で表せ。

(1) $\log_2 45$ *(2) $\log_2 200$

*(3) $\log_2 0.12$ (4) $\log_2 120$

267 $\log_3 4 = p$, $\log_3 5 = q$ とするとき，次の値を p, q で表せ。

(1) $\log_3 100$　　　　　　　　　　　*(2) $\log_3 36$

(3) $\log_3 180$　　　　　　　　　　　*(4) $\log_3 3.2$

268 次の式を簡単にせよ。

(1) $(\log_3 2 + \log_9 8)\log_4 27$

*(2) $(\log_4 3 - \log_8 3)(\log_3 2 + \log_9 2)$

269 次の値を求めよ。

(1) $10^{2\log_{10}\sqrt{3}}$

*(2) $3^{\log_9 4}$

2 対数関数(1)

SPIRAL A

*270 次の関数のグラフをかけ。 ▶教p.165練習7

(1) $y = \log_4 x$

(2) $y = \log_{\frac{1}{4}} x$

271 次の図は関数 $y = \log_a x$ のグラフである。a, b, c の値をそれぞれ求めよ。　　▶数p.166

(1)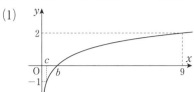

(2)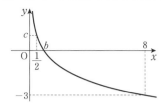

272 次の 3 つの数の大小を比較せよ。　　　　　　　　　　　　　　　　▶数p.167 例題3

*(1) $\log_3 2$, $\log_3 4$, $\log_3 5$

*(2) $\log_{\frac{1}{4}} 1$, $\log_{\frac{1}{4}} 3$, $\log_{\frac{1}{4}} 4$

(3) $\log_2 3$, $\log_2 \sqrt{7}$, $\log_2 \dfrac{7}{2}$

(4) $2\log_{\frac{1}{3}} 5$, $\dfrac{5}{2}\log_{\frac{1}{3}} 4$, $3\log_{\frac{1}{3}} 3$

*273 次の問いに答えよ。

(1) $\dfrac{1}{4} \leqq x \leqq 8$ のとき，関数 $y = \log_2 x$
の最大値と最小値を求めよ。
また，そのときの x の値を求めよ。

(2) 関数 $y = \log_2 x$ のグラフ上で，y 座標が
$\dfrac{1}{2}$ である点の x 座標を求めよ。

274 次の問いに答えよ。

(1) $\dfrac{1}{9} \leqq x \leqq 27$ のとき，関数 $y = \log_{\frac{1}{3}} x$
の最大値と最小値を求めよ。
また，そのときの x の値を求めよ。

(2) 関数 $y = \log_{\frac{1}{2}} x$ のグラフ上で，y 座標が
$-\dfrac{1}{2}$ である点の x 座標を求めよ。

275 次の方程式を解け。

*(1)　$\log_2(x-1) = 0$

(2)　$\log_{\frac{1}{2}}(3x-4) = -1$

*(3)　$\log_{\frac{1}{2}}\dfrac{1}{x} = \dfrac{1}{2}$

(4)　$\log_2 x^2 = 2$　ただし，$x > 0$

276 次の方程式を解け。 ▶教 p.168 応用例題1

*(1) $\log_2(x+1) + \log_2 x = 1$

(2) $\log_{\frac{1}{2}}(x+2) + \log_{\frac{1}{2}}(x-2) = -5$

277 次の不等式を解け。 ▶教 p.168 応用例題2

*(1) $\log_2 x > 3$

(2) $\log_4 x \leq -1$

*(3) $\log_2(x+1) \geq 3$

*(4) $\log_{\frac{1}{2}} x < -2$

(5) $\log_{\frac{1}{4}} x \geqq -1$

(6) $\log_{\frac{1}{3}} (x-2) < -1$

278 次の不等式を解け。 ▶教 p.168 応用例題2

*(1) $2\log_{\frac{1}{2}}(x-2) > \log_{\frac{1}{2}} x$

(2) $\log_2 x + \log_2(x-1) \leqq \log_2 6$

104

*(3) $\log_{\frac{1}{2}}(x+2)+\log_{\frac{1}{2}}(x-2) < -5$

(4) $\log_3(x-1) > 1+\log_3(5-x)$

SPIRAL **C**

279 $1 < a < b < a^2$ のとき

$$\log_a b, \ \log_b a, \ \log_a \frac{a}{b}, \ \log_b \frac{b}{a}$$

の大小を比較せよ。

対数を含む関数の最大値・最小値

例題 **39**

次の関数の最大値と最小値を求めよ。
$$y = (\log_2 x)^2 - 2\log_2 x \qquad (1 \leqq x \leqq 8)$$

考え方 $\log_2 x = t$ とおくと，y は t の2次関数になる。

解 $\log_2 x = t$ とおくと
$$\begin{aligned} y &= (\log_2 x)^2 - 2\log_2 x \\ &= t^2 - 2t \\ &= (t-1)^2 - 1 \end{aligned}$$
ここで，$1 \leqq x \leqq 8$ より $\log_2 1 \leqq \log_2 x \leqq \log_2 8$
すなわち $0 \leqq t \leqq 3$
ゆえに，y は
$\quad t = 3$ のとき最大値 3
$\quad t = 1$ のとき最小値 -1
をとる。
$\quad t = 3$ のとき $x = 2^3$ より $x = 8$
$\quad t = 1$ のとき $x = 2^1$ より $x = 2$
よって，y は
$\quad$ **$x = 8$ のとき最大値 3，$x = 2$ のとき最小値 -1 をとる。** 答

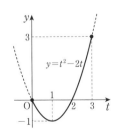

280 次の関数の最大値と最小値を求めよ。

(1) $y = (\log_3 x)^2 - \log_3 x - 2$ $(1 \leqq x \leqq 27)$

(2) $y = \left(\log_2 \dfrac{x}{2}\right)\left(\log_2 \dfrac{x}{8}\right)$ $\left(\dfrac{1}{2} \leqq x \leqq 8\right)$

2 対数関数(2)

SPIRAL A

281 巻末の常用対数表を用いて，次の値を求めよ。 ▶教p.169例5

*(1) $\log_{10} 72$

(2) $\log_{10} 540$

(3) $\log_{10} 0.06$

*(4) $\log_{10} \sqrt{6}$

282 巻末の常用対数表を用いて，次の値を小数第4位まで求めよ。 ▶教p.169例6

*(1) $\log_3 50$

(2) $\log_2 \sqrt{10}$

*(3) $\log_4 0.9$

283 次の数は何桁の数か。ただし，$\log_{10}2 = 0.3010$，$\log_{10}3 = 0.4771$ とする。▶國p.170例題4

*(1)　2^{40}

(2)　3^{40}

SPIRAL B

284 $\log_{10} 2 = a$, $\log_{10} 3 = b$ とするとき，次の値を a, b で表せ。

(1) $\log_{10} 6$

*(2) $\log_{10} 20$

(3) $\log_{10} 90$

*(4) $\log_{10}\sqrt{12}$

*(5) $\log_{10} 5$

(6) $\log_{10} 15$

例題 40

$\left(\dfrac{1}{2}\right)^{40}$ を小数で表すとき，小数第何位にはじめて 0 でない数字が現れるか。

ただし，$\log_{10} 2 = 0.3010$ とする。 ▶教 p.171 応用例題3

解

$\log_{10}\left(\dfrac{1}{2}\right)^{40} = -40\log_{10} 2 = -40 \times 0.3010 = -12.04$

ゆえに $\quad -13 < \log_{10}\left(\dfrac{1}{2}\right)^{40} < -12$

よって $\quad 10^{-13} < \left(\dfrac{1}{2}\right)^{40} < 10^{-12}$

したがって，$\left(\dfrac{1}{2}\right)^{40}$ を小数で表すと，**小数第 13 位**にはじめて 0 でない数字が現れる。 **答**

285 次の数を小数で表すとき，小数第何位にはじめて 0 でない数字が現れるか。

ただし，$\log_{10} 2 = 0.3010$，$\log_{10} 3 = 0.4771$ とする。 ▶教 p.171 応用例題3

*(1) $\left(\dfrac{1}{2}\right)^{20}$

*(2) 0.6^{20}

(3) $(\sqrt[3]{0.24})^{10}$

286 3^n が 10 桁の数となるような自然数 n をすべて求めよ。ただし，$\log_{10} 3 = 0.4771$ とする。

▶教p.173章末7

SPIRAL **C**

例題 41

0 でない実数 x, y, z について，$2^x = 3^y = 6^z$ が成り立つとき，等式 $\dfrac{1}{x} + \dfrac{1}{y} = \dfrac{1}{z}$ を証明せよ。

考え方 $2^x = 3^y = 6^z$ の各辺について，2 を底とする対数をとり，y, z を x の式で表す。

証明 $2^x = 3^y = 6^z$ の各辺は正の数であるから，2 を底とする対数をとると

$$\log_2 2^x = \log_2 3^y = \log_2 6^z$$
$$x \log_2 2 = y \log_2 3 = z \log_2 (2 \times 3)$$
$$x = y \log_2 3 = z(1 + \log_2 3) \qquad \leftarrow \log_2(2 \times 3) = \log_2 2 + \log_2 3$$

であるから $y = \dfrac{x}{\log_2 3}$, $z = \dfrac{x}{1 + \log_2 3}$

よって

$$\frac{1}{x} + \frac{1}{y} = \frac{1}{x} + \frac{\log_2 3}{x}$$
$$= \frac{1 + \log_2 3}{x}$$
$$= \frac{1}{z} \quad \blacksquare 終$$

*287 $2^x = 5^y = 10^2$ のとき，$\dfrac{1}{x} + \dfrac{1}{y}$ の値を求めよ。

288　0 でない実数 a, b, c について，$2^a = 5^b = 10^c$ が成り立つとき，$\dfrac{1}{a} + \dfrac{1}{b} - \dfrac{1}{c}$ の値を求めよ。

例題 42 $3000 < (1.35)^n < 8000$ を満たす整数 n は何個あるか。

ただし，$\log_{10}2 = 0.3010$，$\log_{10}3 = 0.4771$ とする。

解 $3000 < (1.35)^n < 8000$ より $3 \times 10^3 < \left(\dfrac{3^3}{2 \times 10}\right)^n < 2^3 \times 10^3$

各辺の常用対数をとると

$\qquad \log_{10}3 + 3 < n(3\log_{10}3 - \log_{10}2 - 1) < 3\log_{10}2 + 3$

$\qquad 0.4771 + 3 < n(3 \times 0.4771 - 0.3010 - 1) < 3 \times 0.3010 + 3$

$\qquad 3.4771 < 0.1303n < 3.9030$

ゆえに $\qquad 26.6\cdots < n < 29.9\cdots$

よって，$n = 27,\ 28,\ 29$ の**3個** **答**

---

289 $1.5^n > 10^{10}$ を満たす最小の正の整数 n を求めよ。

ただし，$\log_{10}2 = 0.3010$，$\log_{10}3 = 0.4771$ とする。

例題 43 放射性物質の炭素 14 は，一定の割合で減少して，およそ 5730 年で残量はもとの 0.5 倍になる。今，ある物質の炭素 14 の含有量を測定したところ，もとの量の 0.4 倍であった。この物質はおよそ何年前から減少しはじめたものか。ただし，$\log_{10} 2 = 0.3010$ とする。

▶教 p.173 章末8

解 もとの量を A とし，1 年ごとに A の a 倍になるとすると

$$A \times a^{5730} = A \times \frac{1}{2} \quad \text{より} \quad a^{5730} = \frac{1}{2} \quad \text{よって} \quad a = \left(\frac{1}{2}\right)^{\frac{1}{5730}}$$

x 年後に，もとの量の 0.4 倍になったとすると

$$A \times a^x = A \times \frac{4}{10} \quad \text{より} \quad a^x = \frac{4}{10} \quad \text{よって} \quad \left(\frac{1}{2}\right)^{\frac{x}{5730}} = \frac{4}{10}$$

この両辺の常用対数をとると $\quad \dfrac{x}{5730} \log_{10} \dfrac{1}{2} = \log_{10} \dfrac{4}{10}$

すなわち $\quad -\dfrac{\log_{10} 2}{5730} x = 2\log_{10} 2 - 1 = 2 \times 0.3010 - 1 = -0.3980$

ゆえに $\quad x = \dfrac{5730}{\log_{10} 2} \times 0.3980 = \dfrac{5730}{0.3010} \times 0.3980 = 7576.5\cdots$

よって，**およそ 7577 年前** **答**

---

290 ある微生物は一定時間ごとに 1 回分裂して 2 倍の個数に増えていく。

この微生物 1 個を観察ケースに入れた。この微生物が観察途中で死ぬことなく増えていくとき，観察ケース内の微生物がはじめて 1000 万個以上になるのは何回分裂した直後か。ただし，$\log_{10} 2 = 0.3010$ とする。

解答

178

(1)   (2)   (3)

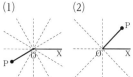

179

(1) $135°+360°×1$

(2) $315°+360°×(-1)$

(3) $240°+360°×2$

(4) $90°+360°×(-2)$

180

$420°$ と $-300°$

181

(1) $-\dfrac{\pi}{4}$ (2) $\dfrac{5}{12}\pi$

(3) $-\dfrac{7}{6}\pi$ (4) $-\dfrac{7}{4}\pi$

182

(1) $108°$ (2) $660°$

(3) $-270°$ (4) $-150°$

183

(1) $l=3\pi$, $S=6\pi$

(2) $l=5\pi$, $S=15\pi$

(3) $l=2\pi$, $S=5\pi$

184

(1) $\theta=\dfrac{2}{3}$, $S=3$ (2) $\theta=\dfrac{3}{4}$, $S=24$

185

(1) $r=\dfrac{66}{\pi}$, $S=\dfrac{363}{\pi}$

(2) $r=2$, $S=4$

186

$S_1:S_2:S_3=3\sqrt{3}:2\pi:4\sqrt{3}$

187

$\alpha=40°$, $160°$, $280°$

188

(1) $\sin\dfrac{5}{4}\pi=-\dfrac{1}{\sqrt{2}}$, $\cos\dfrac{5}{4}\pi=-\dfrac{1}{\sqrt{2}}$

     $\tan\dfrac{5}{4}\pi=1$

(2) $\sin\dfrac{11}{3}\pi=-\dfrac{\sqrt{3}}{2}$, $\cos\dfrac{11}{3}\pi=\dfrac{1}{2}$

     $\tan\dfrac{11}{3}\pi=-\sqrt{3}$

(3) $\sin\left(-\dfrac{\pi}{6}\right)=-\dfrac{1}{2}$, $\cos\left(-\dfrac{\pi}{6}\right)=\dfrac{\sqrt{3}}{2}$

     $\tan\left(-\dfrac{\pi}{6}\right)=-\dfrac{\sqrt{3}}{3}$

(4) $\sin(-3\pi)=0$, $\cos(-3\pi)=-1$

     $\tan(-3\pi)=0$

189

(1)   第 2 象限

(2)   第 2 象限

(3)   第 3 象限

(4)   第 1 象限または第 3 象限

190

(1) $\cos\theta=-\dfrac{4}{5}$, $\tan\theta=\dfrac{3}{4}$

(2) $\sin\theta=-\dfrac{\sqrt{7}}{4}$, $\tan\theta=-\dfrac{\sqrt{7}}{3}$

191

(1) $\sin\theta=-\dfrac{\sqrt{6}}{3}$, $\cos\theta=-\dfrac{\sqrt{3}}{3}$

(2) $\sin\theta=-\dfrac{\sqrt{5}}{5}$, $\cos\theta=\dfrac{2\sqrt{5}}{5}$

192

(1)   (i) $-\dfrac{12}{25}$ (ii) $\dfrac{37}{125}$

(2)   (i) $\dfrac{4}{9}$ (ii) $-\dfrac{13}{27}$

193

(1) $\cos\theta=\dfrac{\sqrt{21}}{5}$, $\tan\theta=-\dfrac{2\sqrt{21}}{21}$

   または $\cos\theta=-\dfrac{\sqrt{21}}{5}$, $\tan\theta=\dfrac{2\sqrt{21}}{21}$

(2) $\sin\theta=\dfrac{2\sqrt{5}}{5}$, $\tan\theta=-2$

   または $\sin\theta=-\dfrac{2\sqrt{5}}{5}$, $\tan\theta=2$

(3) $\sin\theta=\dfrac{2\sqrt{2}}{3}$, $\cos\theta=\dfrac{1}{3}$

   または $\sin\theta=-\dfrac{2\sqrt{2}}{3}$, $\cos\theta=-\dfrac{1}{3}$

194

(1)   (左辺) $=\dfrac{\cos^2\theta+(1+\sin\theta)^2}{(1+\sin\theta)\cos\theta}$

           $=\dfrac{\cos^2\theta+\sin^2\theta+2\sin\theta+1}{(1+\sin\theta)\cos\theta}$

           $=\dfrac{2(1+\sin\theta)}{(1+\sin\theta)\cos\theta}=\dfrac{2}{\cos\theta}=$ (右辺)

(2)   (左辺) $=\dfrac{\tan^2\theta+1}{\tan\theta}=\dfrac{1}{\tan\theta}×(1+\tan^2\theta)$

           $=\dfrac{1}{\tan\theta}×\dfrac{1}{\cos^2\theta}$

           $=\dfrac{\cos\theta}{\sin\theta}×\dfrac{1}{\cos^2\theta}=\dfrac{1}{\sin\theta\cos\theta}=$ (右辺)

195

(1) $\dfrac{\sqrt{6}}{2}$ (2) $\dfrac{\sqrt{2}}{2}$

(3) $\sin\theta=\dfrac{\sqrt{6}+\sqrt{2}}{4}$, $\cos\theta=\dfrac{-\sqrt{6}+\sqrt{2}}{4}$

196

(1) $\dfrac{\sqrt{3}}{2}$ (2) $\dfrac{1}{\sqrt{3}}$

(3) $\dfrac{\sqrt{2}}{2}$ (4) -1

197

(1) $-\dfrac{\sqrt{2}}{2}$ (2) $\dfrac{\sqrt{2}}{2}$

(3) $-\dfrac{\sqrt{2}}{2}$ (4) 1

119

198 (1) $-\dfrac{\sqrt{2}}{2}$ (2) 0

199 (1) 1 (2) 0

200 (1) a 1, b $\dfrac{1}{2}$, c $-\dfrac{\sqrt{3}}{2}$, θ_1 $\dfrac{\pi}{3}$,

θ_2 $\dfrac{\pi}{2}$, θ_3 $\dfrac{3}{2}\pi$

(2) a $\dfrac{\sqrt{3}}{2}$, b -1, θ_1 $\dfrac{\pi}{2}$, θ_2 $\dfrac{5}{6}\pi$, θ_3 π,

θ_4 $\dfrac{4}{3}\pi$

201 (1) 周期は 2π

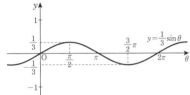

(2) 周期は 2π

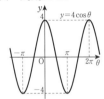

202 (1) 周期は $\dfrac{2}{3}\pi$

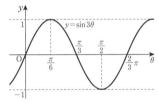

(2) 周期は $\dfrac{\pi}{2}$

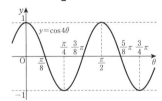

(3) 周期は 4π

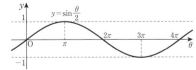

203 (1) 周期は 2π

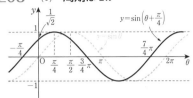

(2) 周期は 2π

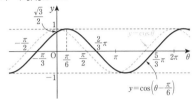

204 周期は π

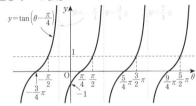

205 (1) 周期は 2π

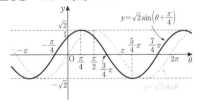

(2) 周期は π

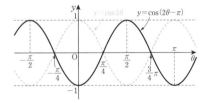

206 $r=\dfrac{3}{2}$, $a=2$, $b=\dfrac{\pi}{3}$

207 (1) $\theta=\dfrac{7}{6}\pi$, $\dfrac{11}{6}\pi$ (2) $\theta=\dfrac{\pi}{6}$, $\dfrac{11}{6}\pi$

(3) $\theta=\dfrac{4}{3}\pi$, $\dfrac{5}{3}\pi$ (4) $\theta=\dfrac{3}{4}\pi$, $\dfrac{5}{4}\pi$

208 (1) $\theta=\dfrac{3}{4}\pi$, $\dfrac{7}{4}\pi$ (2) $\theta=\dfrac{2}{3}\pi$, $\dfrac{5}{3}\pi$

209 (1) $\theta=\dfrac{\pi}{6}$, $\dfrac{5}{6}\pi$, $\dfrac{3}{2}\pi$

(2) $\theta=\dfrac{\pi}{2}$, $\dfrac{2}{3}\pi$, $\dfrac{4}{3}\pi$, $\dfrac{3}{2}\pi$

(3) $\theta=0$

(4) $\theta=\dfrac{7}{6}\pi$, $\dfrac{11}{6}\pi$

210 (1) $\dfrac{\pi}{6}<\theta<\dfrac{5}{6}\pi$

(2) $\dfrac{\pi}{6}<\theta<\dfrac{11}{6}\pi$

(3) $\dfrac{4}{3}\pi\leqq\theta\leqq\dfrac{5}{3}\pi$

(4) $0\leqq\theta\leqq\dfrac{\pi}{3}$, $\dfrac{5}{3}\pi\leqq\theta<2\pi$

211 (1) $\theta=\dfrac{\pi}{12}$, $\dfrac{5}{12}\pi$ (2) $\theta=\pi$, $\dfrac{5}{3}\pi$

(3) $\dfrac{5}{12}\pi<\theta<\dfrac{13}{12}\pi$ (4) $\dfrac{\pi}{12}<\theta<\dfrac{19}{12}\pi$

212 (1) $\theta=\dfrac{5}{12}\pi$, $\dfrac{3}{4}\pi$, $\dfrac{17}{12}\pi$, $\dfrac{7}{4}\pi$

(2) $\theta=\dfrac{\pi}{24}$, $\dfrac{5}{24}\pi$, $\dfrac{25}{24}\pi$, $\dfrac{29}{24}\pi$

(3) $\dfrac{\pi}{12}<\theta<\dfrac{\pi}{4}$, $\dfrac{13}{12}\pi<\theta<\dfrac{5}{4}\pi$

(4) $0\leqq\theta<\dfrac{\pi}{24}$, $\dfrac{7}{24}\pi<\theta<\dfrac{25}{24}\pi$, $\dfrac{31}{24}\pi<\theta<2\pi$

213 (1) $\theta=\pi$ のとき, 最大値 3

$\theta=0$ のとき, 最小値 -5

(2) $\theta=\dfrac{3}{2}\pi$ のとき, 最大値 3

$\theta=\dfrac{\pi}{6}$, $\dfrac{5}{6}\pi$ のとき, 最小値 $\dfrac{3}{4}$

214 (1) $\theta=\dfrac{2}{3}\pi$, $\dfrac{4}{3}\pi$ のとき, 最大値 $\dfrac{9}{4}$

$\theta=0$ のとき, 最小値 0

(2) $\theta=\dfrac{\pi}{4}$, $\dfrac{3}{4}\pi$ のとき, 最大値 $\dfrac{5}{2}$

$\theta=\dfrac{3}{2}\pi$ のとき, 最小値 $1-\sqrt{2}$

215 (1) $\dfrac{\sqrt{2}-\sqrt{6}}{4}$ (2) $\dfrac{-\sqrt{2}+\sqrt{6}}{4}$

(3) $\dfrac{\sqrt{2}-\sqrt{6}}{4}$ (4) $-\dfrac{\sqrt{6}+\sqrt{2}}{4}$

216 (1) $-\dfrac{16}{65}$ (2) $-\dfrac{56}{65}$

(3) $\dfrac{63}{65}$ (4) $-\dfrac{33}{65}$

217 (1) $-2-\sqrt{3}$ (2) $2+\sqrt{3}$

218 $\theta=\dfrac{\pi}{4}$

219 $-\dfrac{5}{8}$

220 2

221 $\left(\dfrac{\sqrt{2}}{2},\ -\dfrac{3\sqrt{2}}{2}\right)$

222 (1) $\sin 2\alpha=\dfrac{4\sqrt{5}}{9}$, $\cos 2\alpha=\dfrac{1}{9}$

$\tan 2\alpha=4\sqrt{5}$

(2) $\sin 2\alpha=-\dfrac{4\sqrt{2}}{9}$, $\cos 2\alpha=-\dfrac{7}{9}$

$\tan 2\alpha=\dfrac{4\sqrt{2}}{7}$

223 (1) $\dfrac{\sqrt{6}-\sqrt{2}}{4}$ (2) $\dfrac{\sqrt{6}+\sqrt{2}}{4}$

(3) $\dfrac{\sqrt{2-\sqrt{2}}}{2}$

224 (1) $2\sin\left(\theta+\dfrac{\pi}{3}\right)$

(2) $2\sqrt{3}\sin\left(\theta+\dfrac{11}{6}\pi\right)$

(3) $\sqrt{2}\sin\left(\theta+\dfrac{3}{4}\pi\right)$

(4) $2\sqrt{3}\sin\left(\theta+\dfrac{\pi}{6}\right)$

225 (1) 最大値は $\sqrt{5}$, 最小値は $-\sqrt{5}$

(2) 最大値は 3, 最小値は -3

226 (1) $\theta=\dfrac{\pi}{3}$, $\dfrac{\pi}{2}$, $\dfrac{3}{2}\pi$, $\dfrac{5}{3}\pi$

(2) $\theta=0$, $\dfrac{\pi}{6}$, π, $\dfrac{11}{6}\pi$

(3) $\theta=\dfrac{\pi}{3}$, $\dfrac{5}{3}\pi$

(4) $\theta=\dfrac{\pi}{6}$, $\dfrac{5}{6}\pi$, $\dfrac{3}{2}\pi$

227 $\sin\dfrac{\alpha}{2}=\dfrac{\sqrt{3}}{3}$, $\cos\dfrac{\alpha}{2}=-\dfrac{\sqrt{6}}{3}$

$\tan\dfrac{\alpha}{2}=-\dfrac{\sqrt{2}}{2}$

228 (1) $\dfrac{7}{6}\pi<\theta<\dfrac{11}{6}\pi$

(2) $0<\theta<\dfrac{3}{4}\pi$, $\pi<\theta<\dfrac{5}{4}\pi$

(3) $0\leqq\theta\leqq\dfrac{2}{3}\pi$, $\dfrac{4}{3}\pi\leqq\theta<2\pi$

(4) $0\leqq\theta<\dfrac{\pi}{6}$, $\dfrac{\pi}{2}<\theta<\dfrac{5}{6}\pi$, $\dfrac{3}{2}\pi<\theta<2\pi$

229 周期は π

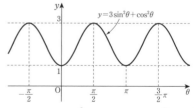

230 (1) $\theta=\pi$, $\dfrac{3}{2}\pi$ (2) $\theta=\dfrac{5}{12}\pi$, $\dfrac{11}{12}\pi$

231 (1) $0<\theta<\dfrac{\pi}{3}$

(2) $0\leqq\theta\leqq\dfrac{5}{12}\pi,\ \dfrac{13}{12}\pi\leqq\theta<2\pi$

232 最大値は $\sqrt{13}$, 最小値は -3

233 (1) $\dfrac{2-\sqrt{3}}{4}$ (2) $\dfrac{1}{4}$

(3) $\dfrac{\sqrt{2}+\sqrt{3}}{4}$ (4) $\dfrac{\sqrt{2}}{2}$

(5) $\dfrac{\sqrt{6}}{2}$ (6) $-\dfrac{\sqrt{6}}{2}$

234 (1) $\sin 6\theta-\sin 2\theta$

(2) $-\cos 4\theta+\cos 2\theta$

235 (1) $2\sin 2\theta\cos\theta$ (2) $2\cos 3\theta\cos\theta$

(3) $2\sin 3\theta\sin 2\theta$

236 (1) a^8 (2) a^{12} (3) a^{10}

(4) a^2b^6 (5) a^6b^{12} (6) a^8b^8

237 (1) 1 (2) $\dfrac{1}{36}$

(3) $\dfrac{1}{10}$ (4) $-\dfrac{1}{64}$

238 (1) a^3 (2) a (3) a

(4) a^8 (5) a^4b^6 (6) a^3

239 (1) 10 (2) 49 (3) 1

(4) 32 (5) 1 (6) 81

240 (1) -2 (2) 5と-5 (3) 2

(4) -2 (5) 10 (6) $-\dfrac{1}{4}$

241 (1) 7 (2) 3 (3) 2 (4) 2

242 (1) 27 (2) 16

(3) $\dfrac{1}{5}$ (4) $\dfrac{1}{8}$

243 (1) a^2 (2) a (3) a (4) a^3

244 (1) 9 (2) 2 (3) 2

(4) 2 (5) $\dfrac{1}{3}$ (6) 1

245 (1) a^2 (2) a (3) $\sqrt{a}$ (4) 1

246 (1) 0 (2) 2 (3) a (4) a

247 (1) 4 (2) $\sqrt{3}$

(3) ab (4) 1

248
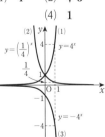

249 (1) $\sqrt[5]{3^6}<\sqrt[4]{3^5}<\sqrt[3]{3^4}$

(2) $\sqrt[4]{32}<\sqrt[3]{16}<\sqrt{8}$

(3) $\dfrac{1}{27}<\left(\dfrac{1}{3}\right)^2<\left(\dfrac{1}{9}\right)^{\frac{1}{2}}$

(4) $\sqrt[4]{\dfrac{1}{125}}<\sqrt[3]{\dfrac{1}{25}}<\sqrt{\dfrac{1}{5}}$

250 (1) $x=6$ (2) $x=2$

(3) $x=-3$ (4) $x=-1$

(5) $x=\dfrac{2}{3}$ (6) $x=-\dfrac{5}{3}$

251 (1) $x<3$ (2) $x>-2$

(3) $x\leqq-\dfrac{3}{2}$ (4) $x>-\dfrac{3}{2}$

(5) $x\leqq5$ (6) $x>\dfrac{1}{6}$

252 (1) x軸に関して対称

(2) y軸に関して対称

(3) x軸方向に -2, y軸方向に -1 だけ平行移動
　したもの

253 (1) $\sqrt{2}<\sqrt[3]{3}<\sqrt[4]{5}$

(2) $6^{10}<2^{30}<3^{20}$

254 (1) $x=\dfrac{9}{2}$ (2) $x=1$ (3) $x=2$

255 (1) $x<1$ (2) $x\leqq\dfrac{1}{2}$

(3) $0<x<2$ (4) $\dfrac{11}{3}<x<\dfrac{21}{5}$

256 (1) $x=0,\ 3$ (2) $x=2$

257 (1) $x>2$ (2) $1<x<3$

258 (1) 7 (2) 18

259 (1) $x=3$ のとき最大値 32,
　$x=1$ のとき最小値 -4

(2) $x=-2$ のとき最大値 29,
　$x=-1$ のとき最小値 -7

260 (1) $\log_3 9=2$ (2) $\log_5 1=0$

(3) $\log_4\dfrac{1}{64}=-3$ (4) $\log_7\sqrt{7}=\dfrac{1}{2}$

261 (1) $32=2^5$ (2) $27=9^{\frac{3}{2}}$

(3) $\dfrac{1}{125}=5^{-3}$

262 (1) 1 (2) 3 (3) 0

(4) $\dfrac{1}{3}$ (5) -2 (6) -3

(7) $-\dfrac{1}{4}$ (8) 2

263 (1) 15 (2) 7 (3) 5

(4) 順に $7,\ 5$ (5) 5 (6) 2

(7) 3 (8) 2

264 (1) 2 (2) 2 (3) $\dfrac{5}{2}$

(4) 1 (5) 2 (6) 1

265 (1) $\dfrac{3}{2}$ (2) $\dfrac{1}{4}$ (3) $-\dfrac{5}{3}$

(4) $\dfrac{3}{2}$ (5) 2 (6) 1

266 (1) $2a+b$ (2) $3+2b$

(3) $a-2b$ (4) $a+b+3$

267 (1) $p+2q$ (2) $p+2$

(3) $p+q+2$ (4) $2p-q$

268 (1) $\dfrac{15}{4}$ (2) $\dfrac{1}{4}$

269 (1) 3 (2) 2

270

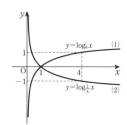

271 (1) $a=3$, $b=1$, $c=\dfrac{1}{3}$

(2) $a=\dfrac{1}{2}$, $b=1$, $c=1$

272 (1) $\log_3 2 < \log_3 4 < \log_3 5$

(2) $\log_{\frac{1}{4}} 4 < \log_{\frac{1}{4}} 3 < \log_{\frac{1}{4}} 1$

(3) $\log_2 \sqrt{7} < \log_2 3 < \log_2 \dfrac{7}{2}$

(4) $\dfrac{5}{2}\log_{\frac{1}{3}} 4 < 3\log_{\frac{1}{3}} 3 < 2\log_{\frac{1}{3}} 5$

273 (1) $x=8$ のとき 最大値 3,

$x=\dfrac{1}{4}$ のとき 最小値 -2

(2) $x=\sqrt{2}$

274 (1) $x=\dfrac{1}{9}$ のとき 最大値 2,

$x=27$ のとき 最小値 -3

(2) $x=\sqrt{2}$

275 (1) $x=2$ (2) $x=2$

(3) $x=\sqrt{2}$ (4) $x=2$

276 (1) $x=1$ (2) $x=6$

277 (1) $x>8$ (2) $0<x\leqq\dfrac{1}{4}$

(3) $x\geqq 7$ (4) $x>4$

(5) $0<x\leqq 4$ (6) $x>5$

278 (1) $2<x<4$ (2) $1<x\leqq 3$

(3) $x>6$ (4) $4<x<5$

279 $\log_a \dfrac{a}{b} < \log_b \dfrac{b}{a} < \log_b a < \log_a b$

280 (1) $x=27$ のとき 最大値 4,

$x=\sqrt{3}$ のとき 最小値 $-\dfrac{9}{4}$

(2) $x=\dfrac{1}{2}$ のとき 最大値 8,

$x=4$ のとき 最小値 -1

281 (1) 1.8573 (2) 2.7324

(3) -1.2218 (4) 0.3891

282 (1) 3.5611 (2) 1.6611

(3) -0.0761

283 (1) 13 桁 (2) 20 桁

284 (1) $a+b$ (2) $a+1$

(3) $2b+1$ (4) $a+\dfrac{1}{2}b$

(5) $1-a$ (6) $-a+b+1$

285 (1) 小数第 7 位 (2) 小数第 5 位

(3) 小数第 3 位

286 $n=19$, 20

287 $\dfrac{1}{2}$

288 0

289 $n=57$

290 24 回

常用対数表（1）

数	0	1	2	3	4	5	6	7	8	9
1.0	.0000	.0043	.0086	.0128	.0170	.0212	.0253	.0294	.0334	.0374
1.1	.0414	.0453	.0492	.0531	.0569	.0607	.0645	.0682	.0719	.0755
1.2	.0792	.0828	.0864	.0899	.0934	.0969	.1004	.1038	.1072	.1106
1.3	.1139	.1173	.1206	.1239	.1271	.1303	.1335	.1367	.1399	.1430
1.4	.1461	.1492	.1523	.1553	.1584	.1614	.1644	.1673	.1703	.1732
1.5	.1761	.1790	.1818	.1847	.1875	.1903	.1931	.1959	.1987	.2014
1.6	.2041	.2068	.2095	.2122	.2148	.2175	.2201	.2227	.2253	.2279
1.7	.2304	.2330	.2355	.2380	.2455	.2430	.2455	.2480	.2504	.2529
1.8	.2553	.2577	.2601	.2625	.2648	.2672	.2695	.2718	.2742	.2765
1.9	.2788	.2810	.2833	.2856	.2878	.2900	.2923	.2945	.2967	.2989
2.0	.3010	.3032	.3054	.3075	.3096	.3118	.3139	.3160	.3181	.3201
2.1	.3222	.3243	.3263	.3284	.3304	.3324	.3345	.3365	.3385	.3404
2.2	.3424	.3444	.3464	.3483	.3502	.3522	.3541	.3560	.3579	.3598
2.3	.3617	.3636	.3655	.3674	.3692	.3711	.3729	.3747	.3766	.3784
2.4	.3802	.3820	.3838	.3856	.3874	.3892	.3909	.3927	.3945	.3962
2.5	.3979	.3997	.4014	.4031	.4048	.4065	.4082	.4099	.4116	.4133
2.6	.4150	.4166	.4183	.4200	.4216	.4232	.4249	.4265	.4281	.4298
2.7	.4314	.4330	.4346	.4362	.4378	.4393	.4409	.4425	.4440	.4456
2.8	.4472	.4487	.4502	.4518	.4533	.4548	.4564	.4579	.4594	.4609
2.9	.4624	.4639	.4654	.4669	.4683	.4698	.4713	.4728	.4742	.4757
3.0	.4771	.4786	.4800	.4814	.4829	.4843	.4857	.4871	.4886	.4900
3.1	.4914	.4928	.4942	.4955	.4969	.4983	.4997	.5011	.5024	.5038
3.2	.5051	.5065	.5079	.5092	.5105	.5119	.5132	.5145	.5159	.5172
3.3	.5185	.5198	.5211	.5224	.5237	.5250	.5263	.5276	.5289	.5302
3.4	.5315	.5328	.5340	.5353	.5366	.5378	.5391	.5403	.5416	.5428
3.5	.5441	.5453	.5465	.5478	.5490	.5502	.5514	.5527	.5539	.5551
3.6	.5563	.5575	.5587	.5599	.5611	.5623	.5635	.5647	.5658	.5670
3.7	.5682	.5694	.5705	.5717	.5729	.5740	.5752	.5763	.5775	.5786
3.8	.5798	.5809	.5821	.5832	.5843	.5855	.5866	.5877	.5888	.5899
3.9	.5911	.5922	.5933	.5944	.5955	.5966	.5977	.5988	.5999	.6010
4.0	.6021	.6031	.6042	.6053	.6064	.6075	.6085.	.6096	.6107	.6117
4.1	.6128	.6138	.6149	.6160	.6170	.6180	.6191	.6201	.6212	.6222
4.2	.6232	.6243	.6253	.6263	.6274	.6284	.6294	.6304	.6314	.6325
4.3	.6335	.6345	.6355	.6365	.6375	.6385	.6395	.6405	.6415	.6425
4.4	.6435	.6444	.6454	.6464	.6474	.6484	.6493	.6503	.6513	.6522
4.5	.6532	.6542	.6551	.6561	.6571	.6580	.6590	.6599	.6609	.6618
4.6	.6628	.6637	.6646	.6656	.6665	.6675	.6684	.6693	.6702	.6712
4.7	.6721	.6730	.6739	.6749	.6758	.6767	.6776	.6785	.6794	.6803
4.8	.6812	.6821	.6830	.6839	.6848	.6857	.6866	.6875	.6884	.6893
4.9	.6902	.6911	.6920	.6928	.6937	.6946	.6955	.6964	.6972	.6981
5.0	.6990	.6998	.7007	.7016	.7024	.7033	.7042	.7050	.7059	.7067
5.1	.7076	.7084	.7093	.7101	.7110	.7118	.7126	.7135	.7143	.7152
5.2	.7160	.7168	.7177	.7185	.7193	.7202	.7210	.7218	.7226	.7235
5.3	.7243	.7251	.7259	.7267	.7275	.7284	.7292	.7300	.7308	.7316
5.4	.7324	.7332	.7340	.7348	.7356	.7364	.7372	.7380	.7388	.7396

常用対数表（2）

数	0	1	2	3	4	5	6	7	8	9
5.5	.7404	.7412	.7419	.7427	.7435	.7443	.7451	.7459	.7466	.7474
5.6	.7482	.7490	.7497	.7505	.7513	.7520	.7528	.7536	.7543	.7551
5.7	.7559	.7566	.7574	.7582	.7589	.7597	.7604	.7612	.7619	.7627
5.8	.7634	.7642	.7649	.7657	.7664	.7672	.7679	.7686	.7694	.7701
5.9	.7709	.7716	.7723	.7731	.7738	.7745	.7752	.7760	.7767	.7774
6.0	.7782	.7789	.7796	.7803	.7810	.7818	.7825	.7832	.7839	.7846
6.1	.7853	.7860	.7868	.7875	.7882	.7889	.7896	.7903	.7910	.7917
6.2	.7924	.7931	.7938	.7945	.7952	.7959	.7966	.7973	.7980	.7987
6.3	.7993	.8000	.8007	.8014	.8021	.8028	.8035	.8041	.8048	.8055
6.4	.8062	.8069	.8075	.8082	.8089	.8096	.8102	.8109	.8116	.8122
6.5	.8129	.8136	.8142	.8149	.8156	.8162	.8169	.8176	.8182	.8189
6.6	.8195	.8202	.8209	.8215	.8222	.8228	.8235	.8241	.8248	.8254
6.7	.8261	.8267	.8274	.8280	.8287	.8293	.8299	.8306	.8312	.8319
6.8	.8325	.8331	.8338	.8344	.8351	.8357	.8363	.8370	.8376	.8382
6.9	.8388	.8395	.8401	.8407	.8414	.8420	.8426	.8432	.8439	.8445
7.0	.8451	.8457	.8463	.8470	.8476	.8482	.8488	.8494	.8500	.8506
7.1	.8513	.8519	.8525	.8531	.8537	.8543	.8549	.8555	.8561	.8567
7.2	.8573	.8579	.8585	.8591	.8597	.8603	.8609	.8615	.8621	.8627
7.3	.8633	.8639	.8645	.8651	.8657	.8663	.8669	.8675	.8681	.8686
7.4	.8692	.8698	.8704	.8710	.8716	.8722	.8727	.8733	.8739	.8745
7.5	.8751	.8756	.8762	.8768	.8774	.8779	.8785	.8791	.8797	.8802
7.6	.8808	.8814	.8820	.8825	.8831	.8837	.8842	.8848	.8854	.8859
7.7	.8865	.8871	.8876	.8882	.8887	.8893	.8899	.8904	.8910	.8915
7.8	.8921	.8927	.8932	.8938	.8943	.8949	.8954	.8960	.8965	.8971
7.9	.8976	.8982	.8987	.8993	.8998	.9004	.9009	.9015	.9020	.9025
8.0	.9031	.9036	.9042	.9047	.9053	.9058	.9063	.9069	.9074	.9079
8.1	.9085	.9090	.9096	.9101	.9106	.9112	.9117	.9122	.9128	.9133
8.2	.9138	.9143	.9149	.9154	.9159	.9165	.9170	.9175	.9180	.9186
8.3	.9191	.9196	.9201	.9206	.9212	.9217	.9222	.9227	.9232	.9238
8.4	.9243	.9248	.9253	.9258	.9263	.9269	.9274	.9279	.9284	.9289
8.5	.9294	.9299	.9304	.9309	.9315	.9320	.9325	.9330	.9335	.9340
8.6	.9345	.9350	.9355	.9360	.9365	.9370	.9375	.9380	.9385	.9390
8.7	.9395	.9400	.9405	.9410	.9415	.9420	.9425	.9430	.9435	.9440
8.8	.9445	.9450	.9455	.9460	.9465	.9469	.9474	.9479	.9484	.9489
8.9	.9494	.9499	.9504	.9509	.9513	.9518	.9523	.9528	.9533	.9538
9.0	.9542	.9547	.9552	.9557	.9562	.9566	.9571	.9576	.9581	.9586
9.1	.9590	.9595	.9600	.9605	.9609	.9614	.9619	.9624	.9628	.9633
9.2	.9638	.9643	.9647	.9652	.9657	.9661	.9666	.9671	.9675	.9680
9.3	.9685	.9689	.9694	.9699	.9703	.9708	.9713	.9717	.9722	.9727
9.4	.9731	.9736	.9741	.9745	.9750	.9754	.9759	.9763	.9768	.9773
9.5	.9777	.9782	.9786	.9791	.9795	.9800	.9805	.9809	.9814	.9818
9.6	.9823	.9827	.9832	.9836	.9841	.9845	.9850	.9854	.9859	.9863
9.7	.9868	.9872	.9877	.9881	.9886	.9890	.9894	.9899	.9903	.9908
9.8	.9912	.9917	.9921	.9926	.9930	.9934	.9939	.9943	.9948	.9952
9.9	.9956	.9961	.9965	.9969	.9974	.9978	.9983	.9987	.9991	.9996

スパイラル数学II学習ノート
三角関数／指数関数・対数関数

● 編　者　実教出版編修部

● 発行者　小田　良次

● 印刷所　寿印刷株式会社

● 発行所　実教出版株式会社

〒102-8377
東京都千代田区五番町5
電話＜営業＞(03)3238-7777
　　＜編修＞(03)3238-7785
　　＜総務＞(03)3238-7700
https://www.jikkyo.co.jp/

002402023　　　　　　　ISBN 978-4-407-35675-5